SUKEN NOTEBOOK

JN095017

チャート式
基礎と演習　数学Ⅱ

基 本 ・ 標 準 例 題 完 成 ノ ー ト
【三角関数，指数・対数関数，微分法と積分法】

本書は，数研出版発行の参考書「チャート式　基礎と演習　数学Ⅱ＋B」の
数学Ⅱの　第6章「三角関数」，第7章「指数関数と対数関数」
第8章「微分法」，第9章「積分法」
の基本例題，標準例題とそれに対応した TRAINING を掲載した，書き込み式ノートです。
本書を仕上げていくことで，自然に実力を身につけることができます。

221202

2

21 角の拡張

基本 例題 114　次の角の動径を図示せよ。また，それぞれ第何象限の角か。

(1) 315°

(2) −210°

(3) 1140°

(4) −840°

TR (基本) **114**　次の角の動径 OP を図示し，その動径 OP の表す角を $\theta = \alpha + 360° \times n$（$n$ は整数，$0° \leqq \alpha < 360°$）で表せ。また，それぞれ第何象限の角か。

(1)　670°

(2)　−600°

(3)　930°

(4)　−1030°

基本 例題 115 (1) 次の角を，度数法は弧度法で，弧度法は度数法で表せ。

(ア) $32°$ (イ) $390°$

(ウ) $\dfrac{5}{12}\pi$ (エ) $\dfrac{7}{3}\pi$

(2) 半径 9，中心角 $\dfrac{4}{3}\pi$ の扇形の弧の長さ l と面積 S を求めよ。

TR (基本) **115** (1) 次の角を，度数法は弧度法で，弧度法は度数法で表せ。

(ア) $18°$

(イ) $480°$

(ウ) $\dfrac{\pi}{12}$

(エ) $\dfrac{7}{15}\pi$

(2) 次のような扇形の弧の長さと面積を求めよ。

(ア) 半径 2，中心角 $\dfrac{5}{4}\pi$

(イ) 半径 6，中心角 $60°$

22 三角関数

基 本 例題 116 次の θ について，$\sin\theta$，$\cos\theta$，$\tan\theta$ の値を，それぞれ求めよ。

(1) $\theta = -\dfrac{2}{3}\pi$

(2) $\theta = \dfrac{15}{4}\pi$

TR (基本) 116 次の θ について，$\sin\theta$，$\cos\theta$，$\tan\theta$ の値を，それぞれ求めよ。

(1) $\theta = \dfrac{5}{4}\pi$

(2)　$\theta = -\dfrac{5}{6}\pi$

(3)　$\theta = \dfrac{11}{3}\pi$

(4)　$\theta = -3\pi$

8

基本 例題 117

$\sin\theta$，$\cos\theta$，$\tan\theta$ のうち，1 つが次のように与えられたとき，他の 2 つの値を求めよ。ただし，[　] 内は θ の動径が属する象限を示す。

(1) $\sin\theta = -\dfrac{3}{5}$　[第 4 象限]

(2) $\tan\theta = 2$　[第 3 象限]

TR (基本) **117**　$\sin\theta$, $\cos\theta$, $\tan\theta$ のうち，1 つが次のように与えられたとき，他の 2 つの値を求めよ。ただし，[　] 内は θ の動径が属する象限を示す。

(1)　$\cos\theta = \dfrac{12}{13}$　[第 4 象限]

(2)　$\tan\theta = 2\sqrt{2}$　[第 3 象限]

標 準 例題 118　$\sin\theta + \cos\theta = \dfrac{1}{4}$ のとき，次の式の値を求めよ。

(1)　$\sin\theta\cos\theta$

(2)　$\sin^3\theta + \cos^3\theta$

TR (標準) **118** (1) $\sin\theta + \cos\theta = \dfrac{1}{\sqrt{5}}$ のとき, $\sin\theta\cos\theta$, $\sin^3\theta + \cos^3\theta$, $\tan\theta + \dfrac{1}{\tan\theta}$

の値を求めよ。

(2) $\sin\theta - \cos\theta = \dfrac{1}{2}$ のとき，$\sin\theta\cos\theta$，$\sin^3\theta - \cos^3\theta$ の値を求めよ。

標 準 例題 119　次の等式を証明せよ。

$$\sin^2\theta + (1 - \tan^4\theta)\cos^4\theta = \cos^2\theta$$

TR (標準) **119** 次の等式を証明せよ。

(1) $\tan^2\theta - \cos^2\theta = \sin^2\theta + (\tan^4\theta - 1)\cos^2\theta$

(2) $\dfrac{\cos^2\theta - \sin^2\theta}{1 + 2\sin\theta\cos\theta} = \dfrac{1 - \tan\theta}{1 + \tan\theta}$

(3) $\dfrac{1 - \sin\theta}{\cos\theta} + \dfrac{\cos\theta}{1 - \sin\theta} = \dfrac{2}{\cos\theta}$

23 三角関数のグラフ，性質

基本 例題 120 次の関数のグラフをかけ。また，その周期を求めよ。

(1) $y = 2\sin\theta$

(2) $y = \sin\dfrac{\theta}{2}$

TR (基本) **120** 次の関数のグラフをかけ。また，その周期を求めよ。

(1) $y = \dfrac{1}{2}\cos\theta$

(2) $y = \tan 2\theta$

(3) $y = 3\sin 4\theta$

(4) $y = 2\cos\dfrac{\theta}{3}$

基本 例題 121　次の関数のグラフをかけ。また，その周期を求めよ。

(1)　$y = \cos\left(\theta - \dfrac{\pi}{3}\right)$

(2)　$y = \tan\theta + 1$

TR (基本) **121**　次の関数のグラフをかけ。また，その周期を求めよ。

(1)　$y = \sin\left(\theta + \dfrac{\pi}{4}\right)$

(2)　$y = \sin\theta - 1$

標 準 例題 122 関数 $y=2\sin\left(3\theta-\dfrac{\pi}{2}\right)$ のグラフをかけ。また，その周期を求めよ。

TR (標準) 122 関数 $y=\sin\left(2\theta-\dfrac{\pi}{3}\right)$ のグラフをかけ。また，その周期を求めよ。

20

基本 例題 123

➡白チャート Ⅱ＋B $p.$ 212 STEP forward

次の値を，鋭角 $\left(0<\theta<\dfrac{\pi}{2}\right)$ の正弦・余弦・正接に直して求めよ。

(1) $\sin\dfrac{15}{4}\pi$

(2) $\cos\left(-\dfrac{19}{6}\pi\right)$

(3) $\tan\left(-\dfrac{11}{3}\pi\right)$

TR (基本) **123**　次の値を，鋭角 $\left(0<\theta<\dfrac{\pi}{2}\right)$ の正弦・余弦・正接に直して求めよ。

(1)　$\sin\left(-\dfrac{10}{3}\pi\right)$

(2)　$\cos\left(-\dfrac{19}{4}\pi\right)$

(3)　$\tan\dfrac{17}{6}\pi$

24 三角関数を含む方程式・不等式

基本 例題 124 $0 \leqq \theta < 2\pi$ のとき，次の等式を満たす θ の値を求めよ。

(1) $\sin\theta = -\dfrac{1}{2}$

(2) $\cos\theta = \dfrac{\sqrt{3}}{2}$

(3) $\tan\theta = \sqrt{3}$

TR (基本) **124**　$0 \leqq \theta < 2\pi$ のとき，次の等式を満たす θ の値を求めよ。

(1)　$\sin\theta = \dfrac{\sqrt{3}}{2}$

(2)　$\cos\theta = -\dfrac{1}{\sqrt{2}}$

(3)　$\tan\theta = -1$

標 準 例題 125　$0 \leqq \theta < 2\pi$ のとき，次の方程式を解け。

$$2\sin^2\theta + \cos\theta - 1 = 0$$

TR (標準) **125**　$0 \leqq \theta < 2\pi$ のとき，次の方程式を解け。

(1)　$2\cos^2\theta - \sqrt{3}\sin\theta + 1 = 0$

(2) $2\sin^2\theta + \cos\theta - 2 = 0$

基本 例題 126

$0 \leqq \theta < 2\pi$ のとき，不等式 $\cos\theta > \dfrac{1}{2}$ を満たす θ の値の範囲を求めよ。

TR (基本) 126　$0 \leqq \theta < 2\pi$ のとき，次の不等式を満たす θ の値の範囲を求めよ。

(1)　$\sin\theta < -\dfrac{1}{2}$

(2)　$\sin\theta \geqq \dfrac{1}{\sqrt{2}}$

(3) $\cos\theta \leqq \dfrac{\sqrt{3}}{2}$

(4) $\tan\theta \geqq \dfrac{1}{\sqrt{3}}$

標 準 **例題 127** $0 \leqq \theta < 2\pi$ のとき，次の不等式を解け。

$$2\cos^2\theta \leqq \sin\theta + 1$$

TR (標準) **127**　$0 \leqq \theta < 2\pi$ のとき，次の不等式を解け。

(1)　$2\cos^2\theta + 2 \geqq 7\sin\theta$

(2)　$2\sin^2\theta + 5\cos\theta > 4$

標 準 例題 128 $0 \leqq \theta < 2\pi$ のとき，次の方程式・不等式を解け。

(1) $\sin\left(\theta - \dfrac{\pi}{3}\right) = \dfrac{1}{2}$

(2) $\cos 2\theta < \dfrac{1}{\sqrt{2}}$

TR (標準) **128**　$0 \leqq \theta < 2\pi$ のとき，次の方程式・不等式を解け。

(1)　$\cos\left(\theta + \dfrac{\pi}{4}\right) = -\dfrac{\sqrt{3}}{2}$

(2)　$2\sin 2\theta > \sqrt{3}$

標 準 例題 129

➡白チャート Ⅱ＋B $p.$ 221 ズームUP−review−

関数 $y=4\cos\theta-4\sin^2\theta+10$ $(0\leqq\theta<2\pi)$ の最大値と最小値およびそのときの θ の値を求めよ。

TR (標準) **129**　次の関数の最大値と最小値およびそのときの θ の値を求めよ。

(1)　$y = 2\sin\theta - \cos^2\theta$　$(0 \leqq \theta < 2\pi)$

(2) $y = 2\tan^2\theta + 4\tan\theta + 5$ $(0 \leqq \theta < 2\pi)$

25 三角関数の加法定理

基本 例題 130

➡ 白チャート II + B *p.* 224 STEP forward

加法定理を用いて，次の値を求めよ。

(1) $\cos 15°$

(2) $\sin 75°$

(3) $\tan 105°$

TR (基本) **130**　sin 105°, cos 75°, tan 15° の値を求めよ。

基本 例題 131 α は第 1 象限の角で $\sin\alpha = \dfrac{5}{13}$，$\beta$ は第 3 象限の角で $\cos\beta = -\dfrac{3}{5}$ とする。このとき，$\sin(\alpha+\beta)$，$\cos(\alpha+\beta)$ の値を求めよ。

TR (基本) 131 α は第 2 象限の角で $\sin\alpha = \dfrac{3}{5}$，$\beta$ は第 3 象限の角で $\cos\beta = -\dfrac{4}{5}$ のとき，$\sin(\alpha-\beta)$，$\cos(\alpha-\beta)$ の値を求めよ。

基本 例題 132

2 直線 $y=5x$ …… ①, $y=\dfrac{2}{3}x$ …… ② のなす角を求めよ。ただし，2 直線のなす角は鋭角とする。

TR (基本) **132**　2 直線 $y=-\dfrac{2}{5}x$ …… ①，$y=\dfrac{3}{7}x$ …… ② のなす角を求めよ。ただし，2 直線のなす

角は鋭角とする。

標 準 例題 133 点 P$(2,\ 6)$ を，原点 O を中心として $\dfrac{\pi}{3}$ だけ回転した位置にある点を Q とする。

(1) x 軸の正の部分から直線 OP まで測った角を α とするとき，OP$\cos\alpha$，OP$\sin\alpha$ の値を求めよ。

(2) 点 Q の座標を求めよ。

TR (標準) **133**　次の点 P を，原点 O を中心として [　] 内の角だけ回転した位置にある点 Q の座標を求めよ。

(1)　P(3, 4)　$\left[\dfrac{\pi}{4}\right]$

(2) $\quad$ P$(-2, \ 5)$ $\quad \left[-\dfrac{\pi}{6}\right]$

26　2倍角・半角の公式

基本 例題 134　(1)　$0 < \alpha < \pi$ で，$\cos\alpha = -\dfrac{4}{5}$ のとき，$\sin 2\alpha$，$\cos 2\alpha$，$\sin\dfrac{\alpha}{2}$，$\cos\dfrac{\alpha}{2}$ の値を求めよ。

(2)　半角の公式を使って，$\sin 15°$ の値を求めよ。

TR (基本) **134** (1) $\dfrac{\pi}{2} < \alpha < \pi$ で，$\sin\alpha = \dfrac{1}{3}$ のとき，$\sin 2\alpha$，$\cos 2\alpha$，$\sin\dfrac{\alpha}{2}$，$\cos\dfrac{\alpha}{2}$ の値を求めよ。

(2) $\sin 22.5°$, $\cos 22.5°$, $\tan 22.5°$ の値を求めよ。

標 準 例題 135　$0 \leqq \theta < 2\pi$ のとき，次の方程式・不等式を解け。

(1)　$\cos 2\theta + \sin \theta = 0$

(2)　$\cos \theta + \sin 2\theta > 0$

TR (標準) **135**　$0 \leqq \theta < 2\pi$ のとき，次の方程式・不等式を解け。

(1)　$2\cos 2\theta + 4\cos \theta + 3 = 0$

(2)　$\cos 2\theta < \sin \theta$

27 三角関数の合成

基本 例題 136 次の式を $r\sin(\theta+\alpha)$ の形に表せ。ただし，$r>0$，$-\pi<\alpha\leqq\pi$ とする。

(1) $\sin\theta-\cos\theta$

(2) $\dfrac{\sqrt{3}}{2}\sin\theta+\dfrac{1}{2}\cos\theta$

TR (基本) **136**　次の式を $r\sin(\theta+\alpha)$ の形に表せ。ただし，$r>0$，$-\pi<\alpha\leqq\pi$ とする。

(1)　$-\sin\theta+\sqrt{3}\cos\theta$

(2)　$-\sqrt{3}\sin\theta-\cos\theta$

標準 例題 137 (1) 関数 $y = \sqrt{3}\sin\theta - \cos\theta$ $(0 \leqq \theta < 2\pi)$ の最大値，最小値とそのときの θ の値を求めよ。また，そのグラフをかけ。

(2) 関数 $y = 3\sin\theta + 4\cos\theta$ の最大値，最小値を求めよ。

TR (標準) 137 関数 $y=\sin\theta+\sqrt{3}\cos\theta$ $(0\leqq\theta<2\pi)$ の最大値，最小値とそのときの θ の値を求めよ。また，そのグラフをかけ。

標 準 例題 138

➡ 白チャート Ⅱ＋B *p.* 239 ズームUP−review−

$0 \leqq \theta < 2\pi$ のとき，次の方程式・不等式を解け。

(1) $\sin\theta + \sqrt{3}\cos\theta = -1$

(2) $\sqrt{3}\sin\theta - \cos\theta < 0$

TR (標準) **138**　$0 \leqq \theta < 2\pi$ のとき，次の方程式・不等式を解け。

(1)　$\sin\theta - \cos\theta = \sqrt{2}$

(2)　$\sin\theta + \cos\theta \leqq 1$

28 指数の拡張

基本 例題 **143** 指数法則を用いて，次の計算をせよ。ただし，$a \neq 0$ とする。

(1) $a^4 \times a^5$

(2) $a^6 \div a^3$

(3) $(2a^5)^2$

(4) $3^5 \times 3^{-3}$

(5) $5^3 \div 5^{-2}$

(6) $(3^{-1})^5$

(7) $a^3 \times a^{-4} \div a^{-5}$

(8) $4^5 \times 2^{-10} \div 8^{-2}$

TR (基本) **143**　指数法則を用いて，次の計算をせよ。ただし，$a \neq 0$ とする。

(1)　$2^7 \times 2^{-3}$

(2)　$10^{-2} \times 10^{-1}$

(3)　$7^2 \div 7^{-1}$

(4)　$(2^{-2})^3$

(5)　$(2^{-1} \times 3^2)^{-2}$

(6)　$a^2 \times a^{-1} \div a^{-3}$

(7)　$3^3 \times (9^{-1})^2 \div 27^{-2}$

基本 例題 144　次の値を求めよ。

(1)　$\sqrt[4]{16}$

(2)　$-\sqrt[3]{64}$

TR (基本) 144　$\sqrt[3]{216}$, $\sqrt[4]{(-2)^4}$, $\sqrt[5]{\dfrac{1}{243}}$ の値をそれぞれ求めよ。

基本 例題 145 次の計算をせよ。

(1) $\sqrt[3]{4} \times \sqrt[3]{16}$

(2) $\dfrac{\sqrt[4]{48}}{\sqrt[4]{3}}$

(3) $(\sqrt[4]{5})^8$

(4) $\sqrt{\sqrt[3]{729}}$

TR (基本) 145 次の計算をせよ。

(1) $\sqrt[4]{7} \times \sqrt[4]{343}$

(2) $\dfrac{\sqrt[3]{162}}{\sqrt[3]{6}}$

(3) $\sqrt[4]{2} \div \sqrt[4]{32}$

(4) $(\sqrt[4]{36})^2$

(5) $\sqrt[3]{\sqrt{64}}$

基 本 例題 146 次の値を求めよ。

(1) $8^{\frac{1}{3}}$

(2) $125^{\frac{2}{3}}$

(3) $4^{-\frac{3}{2}}$

(4) $0.04^{1.5}$

(5) $\left(\dfrac{27}{8}\right)^{-\frac{4}{3}}$

TR (基本) 146 次の値を求めよ。

(1) $27^{\frac{1}{3}}$

(2) $64^{\frac{2}{3}}$

(3) $81^{-\frac{3}{4}}$

(4) $32^{0.2}$

基本 例題 147　次の計算をせよ。

(1)　$8^{\frac{2}{3}} \times 4^{\frac{3}{2}}$

(2)　$2^{-\frac{1}{2}} \times 2^{\frac{5}{6}} \div 2^{\frac{1}{3}}$

(3)　$\left(3^{-2} \times 9^{\frac{2}{3}}\right)^{\frac{3}{2}}$

(4)　$\sqrt[4]{4} \times \sqrt[6]{8}$

(5)　$\sqrt[3]{5} \div \sqrt[12]{5} \times \sqrt[8]{25}$

(6)　$\sqrt{6} \times \sqrt[4]{54} \div \sqrt[4]{6}$

TR (基本) 147　次の計算をせよ。

(1)　$5^{\frac{1}{2}} \times 25^{-\frac{1}{4}}$

(2)　$4^{\frac{2}{3}} \div 24^{\frac{1}{3}} \times 18^{\frac{2}{3}}$

(3)　$\left\{\left(\dfrac{16}{81}\right)^{-\frac{3}{4}}\right\}^{\frac{2}{3}}$

(4)　$\sqrt[3]{54} \times 2\sqrt[3]{2} \times \sqrt[3]{16}$

(5)　$\sqrt[4]{6} \times \sqrt{6} \times \sqrt[4]{12}$

29 指数関数

標 準 例題 148 $y=3^x$ のグラフをもとにして，次の関数のグラフをかけ。

(1) $y=3^{-x}$

(2) $y=-3^x$

(3) $y=3^{x-1}$

TR (標準) **148**　関数　(1)　$y=\dfrac{2^x}{4}$　　(2)　$y=\dfrac{1}{2}\left(\dfrac{1}{2}\right)^x$　のグラフをかけ。

基 本 例題 149　次の各組の数の大小を不等号を用いて表せ。

(1)　$2,\ \sqrt[3]{4},\ \sqrt[5]{64}$

(2)　$\dfrac{1}{\sqrt[3]{3}},\ 1,\ \dfrac{1}{9}$

TR (基本) **149** 次の各組の数の大小を不等号を用いて表せ。

(1) $0.2^3,\ 1,\ 0.2^{-1}$

(2) $3,\ \sqrt{\dfrac{1}{3}},\ \sqrt[3]{3},\ \sqrt[4]{27}$

基本 例題 150

□ ▷ 解説動画

次の方程式を解け。

(1) $3^x = 27$

(2) $\left(\dfrac{1}{2}\right)^{3x-2} = \dfrac{1}{16}$

TR (基本) **150** 次の方程式を解け。

(1) $5^x = \dfrac{1}{125}$

(2) $3^{2x+3} = 9\sqrt{3}$

標 準 例題 151 　方程式 $9^x - 2 \cdot 3^{x+1} - 27 = 0$ を，$3^x = t$ とおくことにより解け。

TR (標準) 151 　方程式 $4^x - 4 \cdot 2^{x+2} + 64 = 0$ を，$2^x = t$ とおくことにより解け。

基本 例題 152 次の不等式を解け。

(1) $3^x < 27$

(2) $\left(\dfrac{1}{3}\right)^{2x+1} \leqq \left(\dfrac{1}{81}\right)^x$

(3) $2^{x(x+2)} > \left(\dfrac{1}{4}\right)^{x-6}$

TR (基本) 152　次の不等式を解け。

(1)　$\left(\dfrac{1}{3}\right)^x < \dfrac{1}{81}$

(2)　$5^{x+3} > \dfrac{1}{25}$

(3)　$2\left(\dfrac{1}{2}\right)^{x^2} \geqq \left(\dfrac{1}{128}\right)^{x-1}$

30 対数とその性質

基本 例題 153　次の値を求めよ。

(1)　$\log_3 243$

(2)　$\log_{10} \dfrac{1}{1000}$

(3)　$\log_{\frac{1}{3}} \sqrt{27}$

(4)　$\log_{0.2} 25$

TR (基本) **153**　次の値を求めよ。

(1)　$\log_3 9$

(2)　$\log_4 \dfrac{1}{32}$

(3)　$\log_{0.1} 10$

(4) $\log_{\sqrt{5}}\dfrac{1}{5}$

基 本 例題 154 次の式を簡単にせよ。

(1) $\log_8 2 + \log_8 4$

(2) $\log_3 72 - \log_3 8$

(3) $\log_5 \sqrt{125}$

(4) $\log_8 16$

(5) $\log_2 3 \cdot \log_3 2$

TR (基本) **154**　次の式を簡単にせよ。

(1)　$\log_4 8 + \log_4 2$

(2)　$\log_5 75 - \log_5 15$

(3)　$\log_8 64^3$

(4)　$\log_3 \sqrt[4]{3^5}$

(5)　$\log_{\sqrt{3}} 27$

(6)　$\log_2 8 + \log_3 \dfrac{1}{81}$

標 準 例題 155 次の式を簡単にせよ。

(1) $\dfrac{3}{2}\log_3 2 + \dfrac{1}{2}\log_3 \dfrac{1}{6} - \log_3 \dfrac{2\sqrt{3}}{3}$

(2) $(\log_2 9 + \log_4 3)(\log_3 2 + \log_9 4)$

TR (標準) **155**   次の式を簡単にせよ。

(1) $\log_3 \sqrt{5} - \dfrac{1}{2}\log_3 10 + \log_3 \sqrt{18}$

(2) $\log_2 16 + \log_4 8 + \log_8 4$

(3) $(\log_3 4 + \log_9 4)(\log_2 27 - \log_4 9)$

31 対数関数

標 準 **例題 156** 次の関数のグラフをかけ。

(1) $y = \log_{\frac{1}{2}} x$

(2) $y = \log_2 2x$

(3) $y = \log_2 (x-1)$

TR (標準) **156** 次の関数のグラフをかけ。

(1) $y = \log_3 x$

(2) $y = \log_{\frac{1}{3}} x$

(3) $y = \log_3(3x + 6)$

基 本 例題 157 次の各組の数の大小を不等号を用いて表せ。

(1) 1, $\log_2 5$, $\log_4 3$

(2) $\log_{\frac{1}{3}} \dfrac{1}{2}$, 0, $\dfrac{1}{2}\log_{\frac{1}{3}} 9$

TR (基本) **157**　次の各組の数の大小を不等号を用いて表せ。

(1)　$\log_3 5$, 2, $2\log_3 2$

(2)　$\dfrac{1}{2}\log_{\frac{1}{2}} 2$, $\log_{\frac{1}{2}} \dfrac{1}{9}$, -1

基本 例題 158

次の方程式・不等式を解け。

(1) $\log_3 x = 2$

(2) $\log_4 (x-1) = -1$

(3) $\log_{\sqrt{2}} x \geqq 4$

(4) $\log_{\frac{1}{3}} x > 2$

TR (基本) **158** 次の方程式・不等式を解け。

(1) $\log_2(3x+2)=5$

(2) $\log_3 x < 2$

(3) $\log_{0.2} x \leqq -1$

標 準 例題 159 次の方程式・不等式を解け。

(1)　$\log_3(x+2) + \log_3(x-1) = \log_3 4$

(2)　$\log_{\frac{1}{2}}(2-x) > -2$

(3)　$\log_2 x + \log_2(x+1) < 1$

TR (標準) **159**　次の方程式・不等式を解け。

(1)　$\log_{10}(x+2)(x+5) = 1$

(2)　$\log_2 3x + \log_2(x-1) = 2 + \log_2(x-1)^2$

(3)　$\log_3(1-2x) \leqq 1$

(4)　$\log_{\frac{1}{2}}(x-4) + \log_{\frac{1}{2}}(x-6) > -2$

32 常用対数

基本 例題 160 $\log_{10} 2 = 0.3010$, $\log_{10} 3 = 0.4771$ とする。次の値を求めよ。

(1) $\log_{10} 12$

(2) $\log_{10} \dfrac{5}{3}$

(3) $\log_3 4$

TR (基本) **160** $\log_{10}2=0.3010$, $\log_{10}3=0.4771$, $\log_{10}7=0.8451$ とする。このとき，次の値を求めよ。

(1) $\log_{10}147$

(2) $\log_{10}15$

(3) $\log_{10}\sqrt{108}$

(4) $\log_{2}2\sqrt{6}$

基本 例題 161

解説動画

$\log_{10} 2 = 0.3010$, $\log_{10} 3 = 0.4771$ とする。

(1) 2^{50} は何桁の整数であるかを調べよ。

(2) $\left(\dfrac{3}{4}\right)^{100}$ を小数で表すと，小数第何位に初めて 0 でない数字が現れるか。

TR (基本) **161**　$\log_{10}2=0.3010$，$\log_{10}3=0.4771$ とする。

(1)　3^{80}，6^{50} はそれぞれ何桁の整数か。また，どちらの数が大きいか。

(2)　$\left(\dfrac{5}{8}\right)^{8}$ は小数第何位に初めて 0 でない数字が現れるか。

標 準 **例題 162** 次の条件を満たす自然数 n の値を求めよ。ただし，$\log_{10} 2 = 0.3010$，$\log_{10} 3 = 0.4771$ とする。

(1) 6^n が 10 桁の数となる。

(2) 0.4^n を小数で表すと，小数第 3 位に初めて 0 でない数字が現れる。

TR (標準) **162** $\log_{10}2 = 0.3010$ とするとき，次の条件を満たす自然数 n の値を求めよ。

(1) 2^n が 8 桁の数となる。

(2) 0.25^n を小数で表すと，小数第 8 位に初めて 0 でない数字が現れる。

33 微分係数

基本 例題 168 関数 $f(x) = -x^2 + 2x + 3$ において，x の値が次のように変化するときの平均変化率を求めよ。

(1) a から b まで

(2) 2 から $2+h$ まで

TR (基本) 168 関数 $f(x) = x^2 + 2x - 1$ において，x の値が次のように変化するときの平均変化率を求めよ。

(1) 1 から 2 まで

(2) -3 から -1 まで

(3) $2-h$ から 2 まで

(4) a から b まで

(5) a から $a+h$ まで

標準 例題 169 次の極限値を求めよ。

(1) $\displaystyle\lim_{h\to0}(8+2h+h^2)$

(2) $\displaystyle\lim_{h\to0}\dfrac{(-2+h)^2-(-2)^2}{h}$

TR (標準) 169 次の極限値を求めよ。ただし，(3) の a は定数とする。

(1) $\displaystyle\lim_{h\to0}(5+h)$

(2)　$\displaystyle\lim_{h\to 0}(27-3h+h^2)$

(3)　$\displaystyle\lim_{h\to 0}\frac{3(a+h)^2-3a^2}{h}$

(4)　$\displaystyle\lim_{h\to 0}\frac{(3+h)^3-3^3}{h}$

基本 例題 170 関数 $f(x)=-x^2-4x+3$ について，微分係数 $f'(1)$ を定義に従って求めよ。

TR (基本) 170 次の関数の（ ）内に与えられた x の値における微分係数を，定義に従って求めよ。

(1) $f(x)=2x-3$ $(x=1)$

(2) $f(x)=2x^2-x+1$ $(x=-2)$

34 導関数とその計算

基本 例題 171 定義に従って，次の関数の導関数を求めよ。

(1) $f(x) = 3$

(2) $f(x) = 2x$

(3) $f(x) = x^2$

(4) $f(x) = x^2 + x$

(5)　$f(x) = 4x^3$

TR (基本) **171**　定義に従って，次の関数の導関数を求めよ。
(1)　$f(x) = -5x$

(2)　$f(x) = 2x^2 + 5$

(3)　$f(x) = x^3 - x$

基 本 例題 172　次の関数を微分せよ。また，$x=-2$ における微分係数を求めよ。

(1)　$f(x) = x^3 - 5x^2 - 4x + 2$

(2)　$f(x) = (2x^2 - 3)(x + 5)$

TR (基本) 172　次の関数を微分せよ。また，$x=2$ における微分係数を求めよ。

(1)　$f(x) = 4 - 6x$

(2)　$f(x) = 3x^2 - 4$

(3) $f(x) = 5x^2 - 3x + 4$

(4) $f(x) = 2x^3 - 4x^2 + 6x - 7$

(5) $f(x) = (2x+1)(x-6)$

(6) $f(x) = (x+3)^2$

基 本 例題 173 (1) 次の関数を [ ] 内で示された変数で微分せよ。

(ア) $V = \dfrac{4}{3}\pi r^3$ $[r]$

(イ) $h = v_0 t - \dfrac{1}{2}g t^2$ $[t]$

(2) 底面の半径が r，高さが h の円錐の体積を V とする。V を r の関数と考え，$r=3$ における微分係数を求めよ。

TR (基本) 173 (1) 次の関数を [ ] 内で示された変数で微分せよ。

(ア) $S = \pi r^2$ [r]

(イ) $V = V_0(1 + 0.02t)$ [t]

(2) 底面の半径が r, 高さが h の円錐の体積を V とする。V を h の関数と考え, $h = 3$ における微分係数を求めよ。

標 準 例題 174 次の条件を満たす 2 次関数 $f(x)$ を，それぞれ求めよ。

(1) $f'(1) = -1$, $f'(2) = 3$, $f(3) = 5$

(2) $3f(x) = xf'(x) + x^2 + 4x - 9$

TR (標準) **174** 次の条件を満たす 2 次関数 $f(x)$ を，それぞれ求めよ。

(1) $f'(-1) = -7$, $f'(1) = 5$, $f(2) = 11$

(2) $x^2 f'(x) + (1-2x)f(x) = 1$

35 接線の方程式

基本 例題 175 関数 $y=-2x^2+4x+1$ のグラフについて，次の接線の方程式を求めよ。

(1) グラフ上の点 $(0,\ 1)$ における接線

(2) 傾きが -4 である接線

TR (基本) 175 曲線 $y=x^2-3x+2$ について，次の接線の方程式を求めよ。

(1) 曲線上の点 $(3,\ 2)$ における接線

(2) 傾きが −1 である接線

標 準 例題 176 関数 $y=x^2-x$ のグラフに点 $C(1,\ -1)$ から引いた接線の方程式を求めよ。

TR (標準) **176**　曲線 $y = x^2 - 2x$ について，次の接線の方程式を求めよ。

(1)　点 $(3, 3)$ における接線

(2)　点 $(2, -4)$ を通る接線

36 関数の増減と極大・極小

基本 例題 177 次の関数の増減を調べよ。

(1) $f(x) = x^3 - 12x$

(2) $f(x) = -\dfrac{1}{3}x^3 - x^2 - x + 2$

TR (基本) **177**　次の関数の増減を調べよ。

(1)　$f(x) = -x^2 + 4x + 5$

(2)　$f(x) = x^3 + 3x$

(3)　$f(x) = -x^3 + 4x$

基本 例題 178

次の関数の増減を調べ，極値を求めよ。また，そのグラフをかけ。

(1)　$y = x^3 - 6x^2 + 9x - 1$

(2)　$y = x^3 - 3x^2 + 3x + 5$

TR (基本) **178** 次の関数の増減を調べ，極値を求めよ。また，そのグラフをかけ。

(1)　$y=x^3-3x^2-9x$

(2)　$y=6x^2-x^3$

(3) $y=-x^3-2x$

(4) $y=x^3+3x^2+4x-9$

標 準 例題 179 関数 $f(x) = x^3 + ax^2 + bx + 1$ は，$x = -1$ で極大値 9 をとる。このとき，定数 a，b の値を求めよ。また，極小値を求めよ。

TR (標準) 179 (1) 3次関数 $f(x) = ax^3 + bx + 3$ は，$x = -1$ で極小値 1 をとる。このとき，定数 a，b の値を求めよ。また，極大値を求めよ。

(2) 関数 $f(x)=2x^3+ax^2+bx+c$ は，$x=1$ で極大値 6 をとり，$x=2$ で極小値をとる。このとき，定数 a，b，c の値を求めよ。また，極小値を求めよ。

37 関数の増減・グラフの応用

基本 例題 180

□ ▶ 解説動画

関数 $f(x)=2x^3-3x^2-12x+10$ の定義域として次の範囲をとるとき，各場合について，最大値と最小値を求めよ。

(1) $-3 \leqq x \leqq 3$

(2) $-2 \leqq x \leqq 4$

TR (基本) **180**　次の関数の最大値と最小値があれば，それを求めよ。

(1)　$y = x^3 - 6x$　$(-1 \leqq x \leqq 2)$

(2)　$y = -2x^3 - x^2 + 4x$　$(-2 < x < 1)$

標 準 例題 181 底面の直径が 6 cm，高さが 12 cm の円錐に，右の図のように直円柱が内接しているとする。

（図中の文字は，解答で用いるものである。）

(1) 直円柱の底面の半径を r cm とするとき，直円柱の体積 V を r の式で表せ。

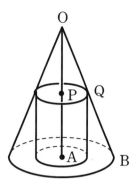

(2) 直円柱の体積 V の最大値を求めよ。

TR (標準) **181**　放物線 $y=9-x^2$ と x 軸の交点を A，B とする。この放物線と x 軸によって囲まれる図形に，線分 AB を底辺にもつ台形を内接させるとき，このような台形の面積の最大値を求めよ。

基本 例題 182

次の 3 次方程式の異なる実数解の個数を求めよ。

(1) $2x^3-3x^2-12x+1=0$

(2) $x^3-3x-2=0$

TR (基本) **182** 次の 3 次方程式の異なる実数解の個数を求めよ。

(1) $-x^3 + 3x^2 - 1 = 0$

(2) $x^3 - 3x^2 + 3x + 1 = 0$

標 準 例題 183 3次方程式 $x^3-6x^2+9x=a$ の異なる実数解の個数が，定数 a のとる値によって，どのように変わるか調べよ。

TR (標準) 183 3次方程式 $x^3+3x^2-9x-a=0$ が異なる3つの実数解をもつとき，定数 a の値の範囲を求めよ。

標 準 例題 184　$x \geqq 0$ のとき，不等式 $x^3+5 > 3x^2$ が成り立つことを証明せよ。

TR (標準) **184**　次の不等式が成り立つことを証明せよ。

(1)　$x>0$ のとき　$x^3-9x \geqq 3x-16$

(2)　$x \geqq 0$ のとき　$x^3+7x+1>3x^2$

38 不定積分

基本 例題 193 次の不定積分を求めよ。

(1) $\displaystyle\int 1\,dx$

(2) $\displaystyle\int x\,dx$

(3) $\displaystyle\int x^2\,dx$

TR (基本) 193 次の不定積分を求めよ。

(1) $\displaystyle\int x^3\,dx$

(2) $\displaystyle\int x^4\,dx$

基本 例題 194　次の不定積分を求めよ。ただし，(3) の α は定数とする。

(1)　$\displaystyle\int (3x^2 - 4x + 5)\,dx$

(2)　$\displaystyle\int (3x+1)(3x-1)\,dx$

(3)　$\displaystyle\int (x-\alpha)^2\,dx$

TR (基本) **194**　　次の不定積分を求めよ。

(1) $\int (2x+1)dx$

(2) $\int (3t^2-2)dt$

(3) $\int (2x^2+3x-4)dx$

(4) $\int (x-1)(x+2)dx$

(5) $\int (2y+1)(3y-1)dy$

標 準 例題 195

➡️ 白チャート Ⅱ＋B $p.335$ ズームUP－review－

次の条件を満たす関数 $F(x)$ を求めよ。また，$y=F(x)$ のグラフをかけ。

$$F'(x)=3x^2-4x, \quad F(1)=-1$$

TR (標準) **195** $F'(x) = x^2 - 1$, $F(3) = 6$ を満たす関数 $F(x)$ を求めよ。また，その極値を求めよ。

39 定積分

基本 例題 196　次の定積分を求めよ。

(1) $\displaystyle \int_{-1}^{2} 2x^2 dx$

(2) $\displaystyle \int_{1}^{3} (x+1)(3x-2) dx$

TR (基本) **196**　次の定積分を求めよ。

(1) $\displaystyle \int_{0}^{2} x^2 dx$

(2) $\displaystyle \int_{2}^{3} (2x-3) dx$

(3) $\displaystyle\int_{-1}^{2}(x^2-x)dx$

(4) $\displaystyle\int_{1}^{2}(x-2)(3x+2)dx$

(5) $\displaystyle\int_{-2}^{1}x(2x+1)dx$

(6) $\displaystyle\int_{-1}^{3}(1-t^3)dt$

基本 例題 197　次の定積分を求めよ。

(1)　$\displaystyle\int_{2}^{5}(x^2-3x-2)dx$

(2)　$\displaystyle\int_{-2}^{1}4(x^2-x+1)dx-\int_{-2}^{1}(x-2)^2dx$

TR (基本) 197　次の定積分を求めよ。

(1)　$\displaystyle\int_{-1}^{2}(2x^2-x+3)dx$

(2) $\displaystyle\int_1^4 (x-3)(x-2)dx$

(3) $\displaystyle\int_{-1}^2 (2x^2+3x)dx+\int_{-1}^2 (1-3x)dx$

(4) $\displaystyle\int_{-1}^1 (2x+1)^2dx-\int_{-1}^1 (2x-1)^2dx$

基本 例題 198

➡白チャート Ⅱ＋B p. 340 STEP forward

次の定積分を求めよ。

(1) $\displaystyle\int_1^1 (15x^2 - 4x)\,dx$

(2) $\displaystyle\int_1^{-13} x^2\,dx + \int_{-13}^2 x^2\,dx$

(3) $\displaystyle\int_0^2 (x^2 - 2x)\,dx + \int_3^2 (2x - x^2)\,dx$

TR (基本) **198**　次の定積分を求めよ。

(1)　$\displaystyle\int_3^{-1}(x^2-2x)dx+\int_{-1}^3(x^2-2x)dx$

(2)　$\displaystyle\int_{-1}^0(x-1)^2dx-\int_4^0(x-1)^2dx$

標 準 例題 199 (1) n を 0 または正の整数とするとき，次の等式が成り立つことを示せ。

$$\int_{-a}^{a} x^{2n} dx = 2\int_{0}^{a} x^{2n} dx, \qquad \int_{-a}^{a} x^{2n+1} dx = 0$$

(2) 定積分 $\displaystyle\int_{-2}^{2}(6x^2 - 7x - 3)dx$ を求めよ。

TR (標準) 199 定積分 $\displaystyle\int_{-3}^{3}(x+1)(2x-3)dx$ を求めよ。

標準 例題 200

□ ▶ 解説動画

(1) 関数 $g(x) = \displaystyle\int_3^x (t^2 - 2t + 5)\,dt$ を微分せよ。

(2) 等式 $\displaystyle\int_a^x f(t)\,dt = x^2 + 2x - 3$ を満たす関数 $f(x)$ と定数 a の値を求めよ。

TR (標準) **200** 等式 $\displaystyle\int_a^x f(t)\,dt = 3x^2 - 2x - 1$ を満たす関数 $f(x)$ と定数 a の値を求めよ。

40 定積分と図形の面積

基本 例題 201 次の曲線と 2 直線および x 軸で囲まれた部分の面積 S を求めよ。

(1) $y=x^2+2x+2$, $x=0$, $x=1$

(2) $y=-2x^2-1$, $x=-2$, $x=1$

TR (基本) **201**　次の曲線と 2 直線および x 軸で囲まれた部分の面積 S を求めよ。

(1)　$y=x^2-2x+2$,　$x=0$,　$x=2$

(2)　$y=-x^2-1$,　$x=-1$,　$x=2$

基本 例題 202

次の放物線と x 軸で囲まれた部分の面積 S を求めよ。

(1) $y = x^2 + 2x - 3$

(2) $y = 4 - x^2$

136

TR (基本) **202**　次の放物線と x 軸で囲まれた部分の面積 S を求めよ。

(1)　$y=1-x^2$

(2)　$y=x^2+x-2$

(3)　$y=2x^2+x-1$

標 準 例題 203　放物線 $y=x^2-3x$ と x 軸および 2 直線 $x=1$, $x=4$ で囲まれた 2 つの部分の面積の和を求めよ。

TR (標準) 203　放物線 $y=x^2-4x+3$ と x 軸および 2 直線 $x=0$, $x=4$ で囲まれた 3 つの部分の面積の和を求めよ。

基 本 例題 204 次の曲線や直線で囲まれた図形の面積 S を求めよ。

(1) $y=x^2$, $y=x^2-2$, $x=-1$, $x=2$

(2) $y=-\dfrac{x^2}{2}+x+\dfrac{5}{2}$, $y=1-x^2$, $x=0$, $x=2$

TR (基本) 204 次の曲線や直線で囲まれた図形の面積 S を求めよ。

$$y=x^2-2x, \quad y=x^2+2x-3, \quad x=-1, \quad x=0$$

標準 例題 205 次の曲線や直線で囲まれた部分の面積 S を求めよ。

(1) $y=x^2-x-4, \ y=x-1$

(2) $y=x^2-4, \ y=-x^2-2x$

TR (標準) **205** 次の曲線や直線で囲まれた部分の面積を求めよ。

(1)　$y=-x^2+3x+2$, $y=x-1$

(2)　$y=x^2+1$, $y=-x^2+x+4$

標 準 **例題 206** (1) 曲線 $y=x^3-4x^2$ と x 軸で囲まれた部分の面積を求めよ。

(2) 曲線 $y=x^3-5x^2+6x$ と x 軸で囲まれた 2 つの部分の面積の和を求めよ。

TR (標準) **206**　(1)　曲線 $y=x^3-3x+2$ と x 軸で囲まれた部分の面積 S を求めよ。

(2)　曲線 $y=x^3-2x^2-x+2$ と x 軸で囲まれた 2 つの部分の面積の和を求めよ。